PRACTICE MAKES GENIUS

Math Tutor Tiff

PRACTICE MAKES GENIUS

ISBN: 979-8-9901087-0-7

Cover art by Miraya Akram
Edited by Math Tutor Tiff LLC
Published by Math Tutor Tiff LLC
Printed in the United States of America.

PRACTICE MAKES GENIUS

Welcome

Practice can lead to improvement and confidence. This book is designed to allow your child to practice math daily.

If you would like more practice worksheets, please visit our website, **Mathtutortiff.com**, or email us at *lovemath@mathtutortiff.com.*

Practice Practice Practice

I, _____

(Your Name)

will try my best to practice every day.

PRACTICE MAKES GENIUS

Instructions

1. If you want to challenge yourself set a timer.

2. Get Ready, Set, Go!

3. After your time is up, **check your work** using the answers in back of the book (you can ask an adult to help you).

4. You can keep track of how many answers are correct in the "Score" section. Also, you can keep track of how much time it took to complete the problems in the "Time to complete" section.

Progress Chart
(Check off each day as you complete.)

Day 1	Day 2	Day 3	Day 4	Day 5	Day 6	Day 7	Day 8	Day 9	Day 10
Day 11	Day 12	Day 13	Day 14	Day 15	Day 16	Day 17	Day 18	Day 19	Day 20
Day 21	Day 22	Day 23	Day 24	Day 25	Day 26	Day 27	Day 28	Day 29	Day 30
Day 31	Day 32	Day 33	Day 34	Day 35	Day 36	Day 37	Day 38	Day 39	Day 40
Day 41	Day 42	Day 43	Day 44	Day 45	Day 46	Day 47	Day 48	Day 49	Day 50
Day 51	Day 52	Day 53	Day 54	Day 55	Day 56	Day 57	Day 58	Day 59	Day 60

PRACTICE MAKES GENIUS

Progress Chart
(Color as you complete each section.)

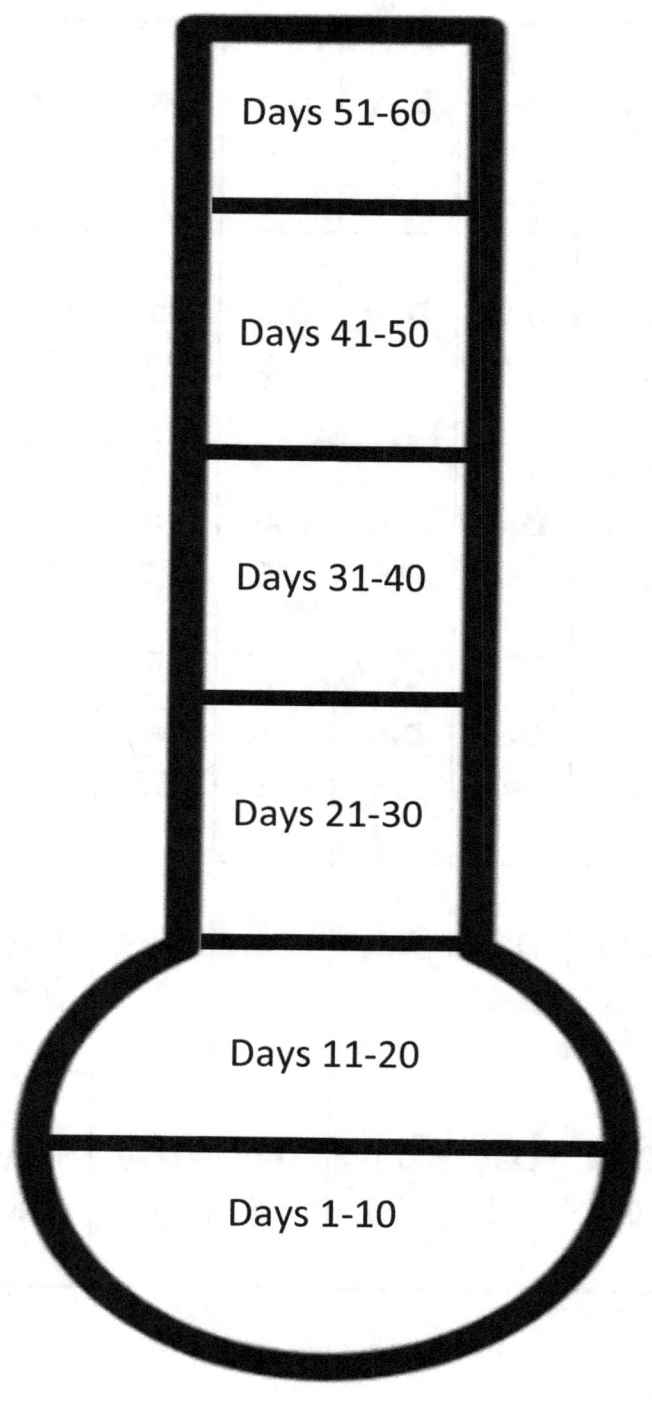

Days 51-60

Days 41-50

Days 31-40

Days 21-30

Days 11-20

Days 1-10

PRACTICE MAKES GENIUS

Let's start with adding and subtracting without regrouping.

PRACTICE MAKES GENIUS

Day 1

Score:	Time to complete:

1.　　 3 5
　　 + 3 2

2.　　 4 8
　　 + 2 0

3.　　 4 8
　　 + 3 1

4.　　 2 1
　　 + 2 7

5.　　 6 6
　　 + 2 2

6.　　 4 4
　　 + 3 1

7.　　 8 6
　　 + 1 2

8.　　 1 2
　　 + 4 3

9.　　 4 7
　　 + 3 2

10.　　 3 6
　　 + 4 3

11.　　 2 1
　　 + 1 6

12.　　 5 3
　　 + 3 2

13.　　 1 6
　　 + 8 1

14.　　 4 3
　　 + 3 5

15.　　 2 6
　　 + 3 3

PRACTICE MAKES GENIUS

Day 2

1. 7 3
  + 2 1

2. 7 7
  + 2 2

3. 8 4
  + 1 1

4. 6 2
  + 3 4

5. 1 5
  + 1 2

6. 1 3
  + 3 4

7. 1 1
  + 8 3

8. 5 5
  + 3 4

9. 1 8
  + 1 1

10. 4 8
  + 3 1

11. 4 4
  + 4 2

12. 1 1
  + 8 2

13. 7 2
  + 1 6

14. 7 0
  + 2 4

15. 3 2
  + 3 2

PRACTICE MAKES GENIUS

Day 3

1.   4 2
   + 3 0

2.   6 3
   + 2 3

3.   2 1
   + 4 7

4.   4 3
   + 2 1

5.   6 9
   + 3 0

6.   2 8
   + 1 3

7.   7 1
   + 2 8

8.   1 2
   + 8 3

9.   1 2
   + 4 6

10.   1 4
   + 5 2

11.   4 2
   + 3 1

12.   6 6
   + 2 3

13.   7 3
   + 1 3

14.   5 2
   + 2 7

15.   8 6
   + 1 2

PRACTICE MAKES GENIUS

Day 4

1.   4 6
   + 4 3

2.   5 8
   + 2 1

3.   4 4
   + 3 2

4.   3 4
   + 3 3

5.   4 6
   + 4 2

6.   3 5
   + 2 3

7.   2 7
   + 1 1

8.   7 2
   + 2 3

9.   2 6
   + 2 1

10.   2 1
   + 2 8

11.   4 2
   + 1 4

12.   3 7
   + 6 2

13.   6 8
   + 1 1

14.   5 2
   + 2 4

15.   5 9
   + 3 0

PRACTICE MAKES GENIUS

Day 5

1.   5 6
  + 2 3

2.   4 4
  + 5 5

3.   6 6
  + 1 2

4.   5 7
  + 3 2

5.   3 3
  + 4 6

6.   4 9
  + 2 0

7.   1 8
  + 1 0

8.   4 1
  + 5 7

9.   4 5
  + 3 2

10.   3 1
  + 3 1

11.   2 1
  + 1 5

12.   4 1
  + 2 4

13.   5 1
  + 1 4

14.   7 4
  + 1 3

15.   7 5
  + 2 2

PRACTICE MAKES GENIUS

Day 6

1. $\begin{array}{r} 67 \\ -\ 16 \\ \hline \end{array}$
2. $\begin{array}{r} 69 \\ -\ 28 \\ \hline \end{array}$
3. $\begin{array}{r} 85 \\ -\ 31 \\ \hline \end{array}$
4. $\begin{array}{r} 49 \\ -\ 39 \\ \hline \end{array}$

5. $\begin{array}{r} 64 \\ -\ 14 \\ \hline \end{array}$
6. $\begin{array}{r} 47 \\ -\ 35 \\ \hline \end{array}$
7. $\begin{array}{r} 88 \\ -\ 52 \\ \hline \end{array}$
8. $\begin{array}{r} 43 \\ -\ 23 \\ \hline \end{array}$

9. $\begin{array}{r} 95 \\ -\ 33 \\ \hline \end{array}$
10. $\begin{array}{r} 29 \\ -\ 12 \\ \hline \end{array}$
11. $\begin{array}{r} 49 \\ -\ 48 \\ \hline \end{array}$
12. $\begin{array}{r} 83 \\ -\ 11 \\ \hline \end{array}$

13. $\begin{array}{r} 47 \\ -\ 26 \\ \hline \end{array}$
14. $\begin{array}{r} 89 \\ -\ 27 \\ \hline \end{array}$
15. $\begin{array}{r} 87 \\ -\ 56 \\ \hline \end{array}$

PRACTICE MAKES GENIUS

Day 7

1.   5 7
   - 5 2
   _____

2.   6 3
   - 5 1
   _____

3.   4 4
   - 3 2
   _____

4.   7 8
   - 5 6
   _____

5.   9 5
   - 1 2
   _____

6.   8 7
   - 5 3
   _____

7.   7 9
   - 4 2
   _____

8.   4 5
   - 3 1
   _____

9.   5 3
   - 3 1
   _____

10.   4 7
    - 4 3
    _____

11.   8 4
    - 5 0
    _____

12.   3 9
    - 1 4
    _____

13.   6 7
    - 5 2
    _____

14.   8 9
    - 1 6
    _____

15.   5 9
    - 1 2
    _____

PRACTICE MAKES GENIUS

Day 8

1.   5 8
       - 2 4

2.   7 4
       - 2 2

3.   6 8
       - 3 4

4.   8 8
       - 5 5

5.   2 9
       - 2 3

6.   5 7
       - 2 5

7.   9 5
       - 5 2

8.   4 7
       - 2 2

9.   7 5
       - 4 2

10.   4 9
       - 1 9

11.   6 9
       - 5 3

12.   8 8
       - 2 8

13.   8 3
       - 4 2

14.   3 9
       - 2 1

15.   5 9
       - 3 2

PRACTICE MAKES GENIUS

Day 9

1.
```
   4 9
-  2 8
```

2.
```
   4 8
-  3 1
```

3.
```
   8 4
-  4 3
```

4.
```
   7 9
-  2 9
```

5.
```
   6 8
-  2 3
```

6.
```
   8 5
-  5 4
```

7.
```
   8 9
-  1 1
```

8.
```
   4 9
-  1 3
```

9.
```
   5 7
-  5 3
```

10.
```
   7 4
-  4 2
```

11.
```
   4 2
-  2 2
```

12.
```
   9 8
-  2 7
```

13.
```
   8 8
-  5 6
```

14.
```
   8 9
-  5 3
```

15.
```
   8 5
-  3 2
```

PRACTICE MAKES GENIUS

Day 10

1.   8 8
    - 5 7

2.   6 8
    - 5 6

3.   4 9
    - 1 1

4.   8 9
    - 1 9

5.   7 7
    - 5 2

6.   9 9
    - 4 7

7.   6 2
    - 2 1

8.   8 7
    - 4 5

9.   6 5
    - 2 1

10.   8 6
    - 3 2

11.   8 8
    - 4 2

12.   4 6
    - 2 4

13.   6 9
    - 3 2

14.   9 6
    - 1 3

15.   7 5
    - 3 4

PRACTICE MAKES GENIUS

You are a superstar!

Regrouping
(Addition Example)

1. Always start with the ones. Add the ones column.

2. If the sum of the ones column is 10 or greater we need to regroup, the tens into the tens column and keep the ones in the ones column

3. Place the sum of the ones in the ones column.

4. Place the regrouped tens in the tens column above.

5. Now add all the numbers in the tens column, don't forget the added tens from the ones column.

Tens	Ones
1	
4	5
+ 4	6
9	1

Regrouping

(Addition Example)

1. Follow the steps for regrouping from previous page.

2. If the sum of the tens column is 10 or greater, regroup by carrying over the hundreds to the next column (hundreds column) and keeping the tens in the tens column.

3. Now add all the numbers in the tens column, don't forget the added tens from the ones column.

4. Now let's add the numbers in the hundreds column.

Hundreds	Tens	Ones
1	1	
	7	5
+	4	6
1	2	1

Day 11

Score:	Time to complete:

1.   8 5   2.   4 1   3.   3 9   4.   1 9
    + 1 5   + 3 1   + 3 4   + 2 2

5.   4 5   6.   2 5   7.   6 7   8.   8 6
    + 6 6   + 8 4   + 3 7   + 2 2

9.   4 1   10.   5 6   11.   3 3   12.   3 6
    + 2 9   + 2 8   + 7 9   + 9 7

13.   8 8   14.   4 3   15.   7 9
    + 7 1   + 9 3   + 5 6

Day 12

Score: _____ Time to complete: _____

1.　　65
　　+ 47
　　———

2.　　55
　　+ 64
　　———

3.　　33
　　+ 27
　　———

4.　　63
　　+ 79
　　———

5.　　16
　　+ 96
　　———

6.　　44
　　+ 61
　　———

7.　　55
　　+ 98
　　———

8.　　53
　　+ 62
　　———

9.　　81
　　+ 64
　　———

10.　　32
　　+ 86
　　———

11.　　26
　　+ 19
　　———

12.　　25
　　+ 55
　　———

13.　　91
　　+ 42
　　———

14.　　31
　　+ 39
　　———

15.　　81
　　+ 56
　　———

PRACTICE MAKES GENIUS

Day 13

1.　　32
　　+ 57

2.　　24
　　+ 29

3.　　58
　　+ 13

4.　　79
　　+ 71

5.　　18
　　+ 93

6.　　28
　　+ 59

7.　　93
　　+ 95

8.　　83
　　+ 59

9.　　65
　　+ 55

10.　　53
　　+ 39

11.　　43
　　+ 79

12.　　21
　　+ 17

13.　　83
　　+ 84

14.　　46
　　+ 44

15.　　68
　　+ 71

PRACTICE MAKES GENIUS

Day 14

1. 53
    + 28
    _____

2. 68
    + 24
    _____

3. 64
    + 35
    _____

4. 44
    + 36
    _____

5. 38
    + 22
    _____

6. 47
    + 44
    _____

7. 31
    + 63
    _____

8. 47
    + 44
    _____

9. 44
    + 26
    _____

10. 16
    + 59
    _____

11. 67
    + 21
    _____

12. 29
    + 11
    _____

13. 37
    + 61
    _____

14. 54
    + 39
    _____

15. 55
    + 26
    _____

PRACTICE MAKES GENIUS

Day 15

1.   8 3
      + 1 9
      —————

2.   4 2
      + 4 7
      —————

3.   1 9
      + 6 7
      —————

4.   5 9
      + 3 4
      —————

5.   7 8
      + 1 3
      —————

6.   1 4
      + 5 9
      —————

7.   2 3
      + 4 1
      —————

8.   4 6
      + 4 6
      —————

9.   1 6
      + 6 1
      —————

10.   2 7
      + 4 7
      —————

11.   5 8
      + 2 1
      —————

12.   6 2
      + 1 3
      —————

13.   4 8
      + 3 6
      —————

14.   9 2
      + 3 2
      —————

15.   8 3
      + 1 7
      —————

PRACTICE MAKES GENIUS

PRACTICE MAKES GENIUS

Let's step it up!

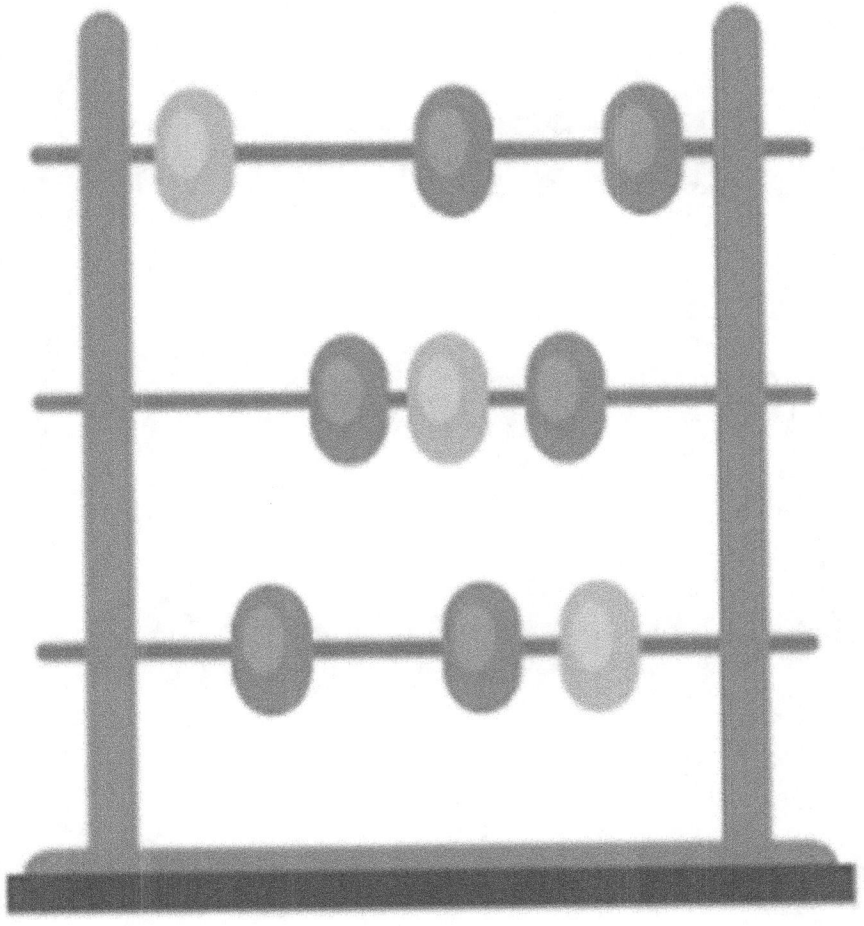

Day 16

1.　　94
　　+ 56
　　———

2.　　23
　　+ 55
　　———

3.　　39
　　+ 71
　　———

4.　　21
　　+ 41
　　———

5.　　63
　　+ 87
　　———

6.　　63
　　+ 99
　　———

7.　　87
　　+ 24
　　———

8.　　74
　　+ 58
　　———

9.　　83
　　+ 48
　　———

10.　　45
　　+ 71
　　———

11.　　69
　　+ 55
　　———

12.　　67
　　+ 41
　　———

13.　　29
　　+ 37
　　———

14.　　31
　　+ 64
　　———

15.　　98
　　+ 81
　　———

PRACTICE MAKES GENIUS

Day 17

1.   77
    + 48

2.   78
    + 41

3.   41
    + 86

4.   37
    + 59

5.   14
    + 97

6.   69
    + 27

7.   37
    + 54

8.   53
    + 52

9.   77
    + 96

10.   41
    + 54

11.   22
    + 45

12.   68
    + 27

13.   98
    + 79

14.   31
    + 87

15.   36
    + 14

PRACTICE MAKES GENIUS

Day 18

1.   46   2.   84   3.   21   4.   54
   + 47   + 68   + 24   + 48

5.   81   6.   84   7.   39   8.   77
   + 16   + 29   + 96   + 14

9.   11   10.   73   11.   63   12.   99
   + 87   + 81   + 86   + 62

13.   35   14.   92   15.   77
   + 32   + 19   + 42

PRACTICE MAKES GENIUS

Day 19

1.
$$\begin{array}{r} 9\,1 \\ +\ 7\,4 \\ \hline \end{array}$$

2.
$$\begin{array}{r} 5\,4 \\ +\ 2\,1 \\ \hline \end{array}$$

3.
$$\begin{array}{r} 3\,8 \\ +\ 6\,7 \\ \hline \end{array}$$

4.
$$\begin{array}{r} 9\,8 \\ +\ 1\,6 \\ \hline \end{array}$$

5.
$$\begin{array}{r} 4\,8 \\ +\ 2\,9 \\ \hline \end{array}$$

6.
$$\begin{array}{r} 8\,1 \\ +\ 4\,5 \\ \hline \end{array}$$

7.
$$\begin{array}{r} 5\,8 \\ +\ 5\,2 \\ \hline \end{array}$$

8.
$$\begin{array}{r} 6\,5 \\ +\ 2\,2 \\ \hline \end{array}$$

9.
$$\begin{array}{r} 4\,3 \\ +\ 8\,5 \\ \hline \end{array}$$

10.
$$\begin{array}{r} 6\,7 \\ +\ 3\,9 \\ \hline \end{array}$$

11.
$$\begin{array}{r} 8\,3 \\ +\ 5\,5 \\ \hline \end{array}$$

12.
$$\begin{array}{r} 8\,8 \\ +\ 7\,2 \\ \hline \end{array}$$

13.
$$\begin{array}{r} 4\,6 \\ +\ 2\,2 \\ \hline \end{array}$$

14.
$$\begin{array}{r} 5\,2 \\ +\ 3\,6 \\ \hline \end{array}$$

15.
$$\begin{array}{r} 8\,2 \\ +\ 5\,1 \\ \hline \end{array}$$

PRACTICE MAKES GENIUS

Day 20

1.
```
  8 5
+ 3 4
-----
```

2.
```
  1 4
+ 1 2
-----
```

3.
```
  9 2
+ 2 1
-----
```

4.
```
  3 8
+ 7 3
-----
```

5.
```
  6 7
+ 6 8
-----
```

6.
```
  2 5
+ 1 5
-----
```

7.
```
  1 7
+ 4 8
-----
```

8.
```
  1 6
+ 8 7
-----
```

9.
```
  6 3
+ 2 6
-----
```

10.
```
  4 6
+ 2 3
-----
```

11.
```
  2 1
+ 1 5
-----
```

12.
```
  2 3
+ 5 7
-----
```

13.
```
  6 2
+ 9 6
-----
```

14.
```
  9 8
+ 7 1
-----
```

15.
```
  1 4
+ 7 7
-----
```

PRACTICE MAKES GENIUS

PRACTICE MAKES GENIUS

"If it's more on the floor, go next door and borrow ten more."
- *Some Great Math Teacher out there*

Regrouping

(Subtraction Example)

1. Always start with the ones column. If the number on the bottom is larger than the number on the top, indicating that you need to borrow from the tens column.

2. Subtract one ten from the tens column. (Be sure to rewrite the new number.)

3. Add the borrowed ten to the ones column.

4. Now, subtract the ones column.

5. After subtracting the ones column, move on to subtracting the tens column. If necessary, borrow from the next higher place value.

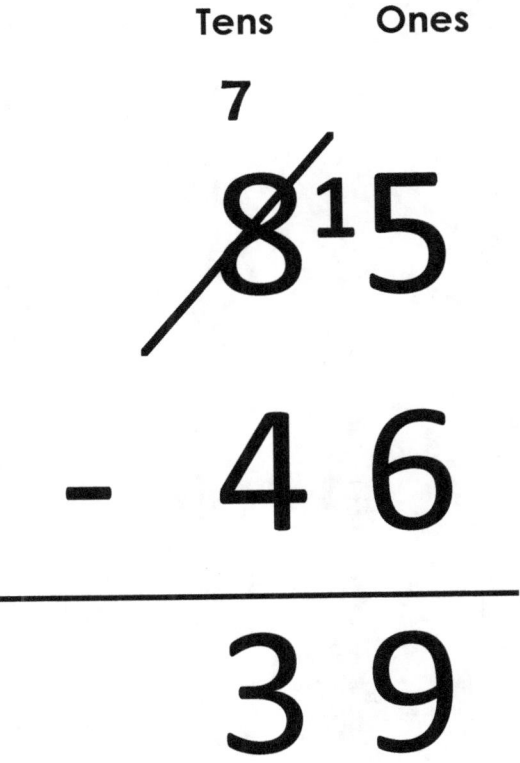

PRACTICE MAKES GENIUS

Day 21

1.
```
  5 1
- 2 7
_____
```

2.
```
  4 3
- 1 7
_____
```

3.
```
  6 7
- 2 5
_____
```

4.
```
  6 4
- 2 5
_____
```

5.
```
  9 3
- 4 8
_____
```

6.
```
  6 3
- 3 6
_____
```

7.
```
  6 9
- 5 8
_____
```

8.
```
  4 1
- 1 8
_____
```

9.
```
  8 9
- 3 6
_____
```

10.
```
  7 6
- 4 8
_____
```

11.
```
  6 6
- 5 3
_____
```

12.
```
  4 2
- 1 8
_____
```

13.
```
  7 8
- 4 4
_____
```

14.
```
  8 7
- 7 4
_____
```

15.
```
  9 1
- 5 3
_____
```

PRACTICE MAKES GENIUS

Day 22

1. $\begin{array}{r} 74 \\ -\ 32 \\ \hline \end{array}$
2. $\begin{array}{r} 65 \\ -\ 45 \\ \hline \end{array}$
3. $\begin{array}{r} 47 \\ -\ 43 \\ \hline \end{array}$
4. $\begin{array}{r} 93 \\ -\ 16 \\ \hline \end{array}$

5. $\begin{array}{r} 47 \\ -\ 21 \\ \hline \end{array}$
6. $\begin{array}{r} 48 \\ -\ 31 \\ \hline \end{array}$
7. $\begin{array}{r} 45 \\ -\ 39 \\ \hline \end{array}$
8. $\begin{array}{r} 41 \\ -\ 19 \\ \hline \end{array}$

9. $\begin{array}{r} 87 \\ -\ 13 \\ \hline \end{array}$
10. $\begin{array}{r} 54 \\ -\ 41 \\ \hline \end{array}$
11. $\begin{array}{r} 96 \\ -\ 57 \\ \hline \end{array}$
12. $\begin{array}{r} 33 \\ -\ 14 \\ \hline \end{array}$

13. $\begin{array}{r} 68 \\ -\ 22 \\ \hline \end{array}$
14. $\begin{array}{r} 74 \\ -\ 25 \\ \hline \end{array}$
15. $\begin{array}{r} 89 \\ -\ 31 \\ \hline \end{array}$

PRACTICE MAKES GENIUS

Day 23

1.   3 3
    − 2 8

2.   4 4
    − 2 6

3.   9 8
    − 1 8

4.   3 1
    − 2 1

5.   8 9
    − 5 3

6.   6 4
    − 1 8

7.   4 5
    − 1 6

8.   6 2
    − 1 4

9.   6 4
    − 4 9

10.   7 9
    − 1 3

11.   4 5
    − 4 1

12.   9 4
    − 1 5

13.   7 7
    − 3 5

14.   4 1
    − 1 4

15.   8 6
    − 2 1

PRACTICE MAKES GENIUS

Day 24

1.
$$\begin{array}{r} 75 \\ -\ 36 \\ \hline \end{array}$$

2.
$$\begin{array}{r} 65 \\ -\ 22 \\ \hline \end{array}$$

3.
$$\begin{array}{r} 88 \\ -\ 17 \\ \hline \end{array}$$

4.
$$\begin{array}{r} 91 \\ -\ 35 \\ \hline \end{array}$$

5.
$$\begin{array}{r} 64 \\ -\ 43 \\ \hline \end{array}$$

6.
$$\begin{array}{r} 88 \\ -\ 58 \\ \hline \end{array}$$

7.
$$\begin{array}{r} 65 \\ -\ 33 \\ \hline \end{array}$$

8.
$$\begin{array}{r} 82 \\ -\ 44 \\ \hline \end{array}$$

9.
$$\begin{array}{r} 85 \\ -\ 52 \\ \hline \end{array}$$

10.
$$\begin{array}{r} 48 \\ -\ 37 \\ \hline \end{array}$$

11.
$$\begin{array}{r} 65 \\ -\ 59 \\ \hline \end{array}$$

12.
$$\begin{array}{r} 43 \\ -\ 19 \\ \hline \end{array}$$

13.
$$\begin{array}{r} 89 \\ -\ 31 \\ \hline \end{array}$$

14.
$$\begin{array}{r} 43 \\ -\ 37 \\ \hline \end{array}$$

15.
$$\begin{array}{r} 97 \\ -\ 42 \\ \hline \end{array}$$

PRACTICE MAKES GENIUS

Day 25

1.   5 3
    − 3 3

2.   5 1
    − 4 1

3.   9 9
    − 4 6

4.   3 1
    − 1 9

5.   4 7
    − 4 3

6.   6 4
    − 3 4

7.   8 4
    − 5 5

8.   8 1
    − 2 4

9.   4 6
    − 4 2

10.   8 3
    − 3 9

11.   6 4
    − 2 9

12.   7 2
    − 4 9

13.   6 4
    − 4 8

14.   5 9
    − 3 8

15.   6 4
    − 5 6

PRACTICE MAKES GENIUS

Day 26

1. 81
   - 17
   _____

2. 84
   - 48
   _____

3. 37
   - 32
   _____

4. 73
   - 52
   _____

5. 88
   - 47
   _____

6. 84
   - 48
   _____

7. 86
   - 12
   _____

8. 56
   - 45
   _____

9. 81
   - 32
   _____

10. 51
   - 43
   _____

11. 69
   - 15
   _____

12. 83
   - 34
   _____

13. 48
   - 16
   _____

14. 95
   - 46
   _____

15. 67
   - 22
   _____

PRACTICE MAKES GENIUS

Day 27

1. $\begin{array}{r} 91 \\ -\ 53 \\ \hline \end{array}$ 2. $\begin{array}{r} 84 \\ -\ 24 \\ \hline \end{array}$ 3. $\begin{array}{r} 95 \\ -\ 53 \\ \hline \end{array}$ 4. $\begin{array}{r} 87 \\ -\ 36 \\ \hline \end{array}$

5. $\begin{array}{r} 63 \\ -\ 38 \\ \hline \end{array}$ 6. $\begin{array}{r} 69 \\ -\ 16 \\ \hline \end{array}$ 7. $\begin{array}{r} 63 \\ -\ 15 \\ \hline \end{array}$ 8. $\begin{array}{r} 88 \\ -\ 49 \\ \hline \end{array}$

9. $\begin{array}{r} 86 \\ -\ 11 \\ \hline \end{array}$ 10. $\begin{array}{r} 76 \\ -\ 31 \\ \hline \end{array}$ 11. $\begin{array}{r} 74 \\ -\ 34 \\ \hline \end{array}$ 12. $\begin{array}{r} 47 \\ -\ 27 \\ \hline \end{array}$

13. $\begin{array}{r} 44 \\ -\ 36 \\ \hline \end{array}$ 14. $\begin{array}{r} 82 \\ -\ 41 \\ \hline \end{array}$ 15. $\begin{array}{r} 67 \\ -\ 26 \\ \hline \end{array}$

PRACTICE MAKES GENIUS

Day 28

1.
```
   8 3
 - 1 2
 _____
```

2.
```
   5 6
 - 4 2
 _____
```

3.
```
   2 1
 - 1 7
 _____
```

4.
```
   5 4
 - 4 6
 _____
```

5.
```
   8 5
 - 4 9
 _____
```

6.
```
   7 2
 - 5 1
 _____
```

7.
```
   2 5
 - 2 5
 _____
```

8.
```
   8 4
 - 1 6
 _____
```

9.
```
   5 5
 - 2 7
 _____
```

10.
```
   6 5
 - 3 4
 _____
```

11.
```
   7 1
 - 5 6
 _____
```

12.
```
   3 3
 - 1 3
 _____
```

13.
```
   8 9
 - 4 1
 _____
```

14.
```
   2 9
 - 1 8
 _____
```

15.
```
   4 7
 - 1 7
 _____
```

PRACTICE MAKES GENIUS

Day 29

Score: Time to complete:

1.   9 3
       - 3 1

2.   3 7
       - 1 2

3.   7 2
       - 5 7

4.   9 9
       - 5 8

5.   8 3
       - 5 1

6.   7 9
       - 5 4

7.   7 7
       - 4 4

8.   8 1
       - 2 6

9.   8 8
       - 4 4

10.   6 8
       - 1 7

11.   5 3
       - 3 5

12.   6 4
       - 3 4

13.   2 2
       - 1 6

14.   3 8
       - 2 1

15.   5 5
       - 2 9

PRACTICE MAKES GENIUS

Day 30

1. 28
    - 28
    _____

2. 59
    - 42
    _____

3. 53
    - 48
    _____

4. 97
    - 23
    _____

5. 92
    - 53
    _____

6. 63
    - 45
    _____

7. 79
    - 58
    _____

8. 88
    - 25
    _____

9. 45
    - 33
    _____

10. 65
    - 29
    _____

11. 88
    - 54
    _____

12. 82
    - 57
    _____

13. 44
    - 27
    _____

14. 42
    - 33
    _____

15. 84
    - 56
    _____

PRACTICE MAKES GENIUS

PRACTICE MAKES GENIUS

Ready to challenge yourself?

PRACTICE MAKES GENIUS

Day 31

Score: Time to complete:

1.   397
    + 262

2.   614
    + 241

3.   315
    + 271

4.   626
    + 111

5.   987
    + 691

6.   694
    + 144

7.   768
    + 282

8.   367
    + 886

9.   829
    + 957

10.   678
    + 644

11.   465
    + 662

12.   316
    + 441

PRACTICE MAKES GENIUS

Day 32

1.   5 5 2
   + 8 8 3
   _____

2.   8 5 4
   + 9 1 7
   _____

3.   1 4 6
   + 6 2 2
   _____

4.   3 9 8
   + 3 7 3
   _____

5.   7 9 5
   + 1 5 6
   _____

6.   9 5 6
   + 2 5 9
   _____

7.   2 3 5
   + 6 7 2
   _____

8.   1 5 9
   + 2 6 5
   _____

9.   6 6 3
   + 2 9 3
   _____

10.   6 1 2
   + 2 7 3
   _____

11.   5 4 5
   + 6 9 2
   _____

12.   3 1 7
   + 7 3 6
   _____

PRACTICE MAKES GENIUS

Day 33

1.   1 4 7
      + 4 8 9

2.   5 4 8
      + 7 1 7

3.   2 8 1
      + 3 1 7

4.   9 8 5
      + 8 4 2

5.   1 1 7
      + 1 4 6

6.   6 3 8
      + 5 1 7

7.   6 2 1
      + 8 2 4

8.   5 4 1
      + 1 3 5

9.   7 3 3
      + 7 7 8

10.   8 9 6
      + 2 8 8

11.   2 5 5
      + 4 1 4

12.   1 6 6
      + 8 3 1

PRACTICE MAKES GENIUS

Day 34

1.   1 3 5
    + 5 2 1

2.   2 1 5
    + 5 1 5

3.   9 2 5
    + 8 9 7

4.   4 8 5
    + 2 4 3

5.   1 2 6
    + 1 2 9

6.   1 8 1
    + 8 3 2

7.   9 8 1
    + 2 5 7

8.   4 8 3
    + 1 5 3

9.   5 9 3
    + 4 5 1

10.   8 8 6
    + 5 7 8

11.   4 6 4
    + 1 9 3

12.   8 6 6
    + 5 8 7

PRACTICE MAKES GENIUS

Day 35

1.   2 1 6
   + 6 5 4

2.   7 5 6
   + 8 8 3

3.   5 8 3
   + 8 2 8

4.   4 6 4
   + 1 8 1

5.   7 8 2
   + 2 1 7

6.   3 5 2
   + 3 8 4

7.   2 9 8
   + 5 3 9

8.   3 1 5
   + 7 3 7

9.   4 3 1
   + 1 2 6

10.   1 8 8
   + 3 7 4

11.   7 1 8
   + 4 4 5

12.   2 5 9
   + 5 3 7

PRACTICE MAKES GENIUS

So proud of your determination to learn!

Day 36

1. $\begin{array}{r} 755 \\ -\ 447 \\ \hline \end{array}$
2. $\begin{array}{r} 231 \\ -\ 137 \\ \hline \end{array}$
3. $\begin{array}{r} 758 \\ -\ 334 \\ \hline \end{array}$

4. $\begin{array}{r} 517 \\ -\ 381 \\ \hline \end{array}$
5. $\begin{array}{r} 835 \\ -\ 677 \\ \hline \end{array}$
6. $\begin{array}{r} 946 \\ -\ 766 \\ \hline \end{array}$

7. $\begin{array}{r} 517 \\ -\ 366 \\ \hline \end{array}$
8. $\begin{array}{r} 911 \\ -\ 677 \\ \hline \end{array}$
9. $\begin{array}{r} 199 \\ -\ 123 \\ \hline \end{array}$

10. $\begin{array}{r} 858 \\ -\ 434 \\ \hline \end{array}$
11. $\begin{array}{r} 712 \\ -\ 225 \\ \hline \end{array}$
12. $\begin{array}{r} 158 \\ -\ 146 \\ \hline \end{array}$

PRACTICE MAKES GENIUS

Day 37

1.   9 3 9
    - 5 2 9

2.   5 9 3
    - 5 3 1

3.   7 5 7
    - 5 2 5

4.   9 4 5
    - 1 9 9

5.   8 8 1
    - 4 7 9

6.   7 4 4
    - 5 6 4

7.   8 2 8
    - 2 8 3

8.   6 3 7
    - 4 6 5

9.   9 5 2
    - 9 3 6

10.   8 4 6
    - 1 9 2

11.   9 7 4
    - 8 5 5

12.   3 9 5
    - 1 6 1

PRACTICE MAKES GENIUS

Day 38

1. 5 1 8
    - 2 6 1

2. 6 3 9
    - 3 6 3

3. 6 8 9
    - 1 9 4

4. 8 9 5
    - 3 8 7

5. 9 8 3
    - 4 4 4

6. 8 4 5
    - 4 6 4

7. 4 3 7
    - 1 3 3

8. 6 7 8
    - 2 5 9

9. 8 5 9
    - 7 5 8

10. 8 5 1
     - 7 5 5

11. 4 4 5
     - 1 5 5

12. 8 9 8
     - 4 6 1

PRACTICE MAKES GENIUS

Day 39

1. 364
    - 139
    _____

2. 963
    - 443
    _____

3. 523
    - 334
    _____

4. 979
    - 676
    _____

5. 839
    - 215
    _____

6. 456
    - 182
    _____

7. 965
    - 878
    _____

8. 389
    - 142
    _____

9. 591
    - 576
    _____

10. 625
    - 123
    _____

11. 724
    - 382
    _____

12. 865
    - 597
    _____

PRACTICE MAKES GENIUS

Day 40

1.   8 6 9
    - 4 6 3
    ―――――

2.   9 8 1
    - 1 3 5
    ―――――

3.   4 3 8
    - 3 3 9
    ―――――

4.   6 3 8
    - 1 4 7
    ―――――

5.   5 1 7
    - 2 7 7
    ―――――

6.   7 6 7
    - 2 8 4
    ―――――

7.   9 4 5
    - 4 7 4
    ―――――

8.   7 6 3
    - 3 1 4
    ―――――

9.   8 6 9
    - 3 3 9
    ―――――

10.   8 2 6
    - 2 5 1
    ―――――

11.   6 6 2
    - 6 6 2
    ―――――

12.   7 2 4
    - 6 8 7
    ―――――

PRACTICE MAKES GENIUS

Hard work makes you a champion!!

PRACTICE MAKES GENIUS

Day 41

1.   3 8 4 3
   + 8 9 6 7

2.   7 6 2 1
   + 3 4 4 4

3.   3 7 9 5
   + 3 1 9 6

4.   1 5 8 2
   + 7 3 6 8

5.   2 1 5 6
   + 3 9 1 1

6.   6 4 9 6
   + 1 9 1 3

7.   4 7 4 6
   + 7 3 3 7

8.   6 6 7 7
   + 1 6 2 6

9.   7 5 6 6
   + 8 4 4 9

10.   1 4 5 6
   + 4 6 3 8

11.   6 2 7 3
   + 9 9 4 5

12.   7 2 1 5
   + 2 3 1 4

PRACTICE MAKES GENIUS

Day 42

1.   4 6 1 5
  + 9 1 9 4

2.   3 2 6 5
  + 7 6 3 8

3.   7 6 7 9
  + 9 5 7 5

4.   9 8 5 7
  + 9 2 5 1

5.   6 3 9 6
  + 4 1 2 6

6.   8 4 1 5
  + 5 4 8 1

7.   4 8 2 6
  + 8 1 9 5

8.   9 3 1 1
  + 9 4 1 8

9.   9 8 1 7
  + 7 8 4 8

10.   8 4 1 9
  + 1 8 9 3

11.   3 2 6 2
  + 6 5 8 5

12.   7 1 4 7
  + 7 6 7 2

PRACTICE MAKES GENIUS

Day 43

1. 6 2 7 7
    + 5 3 7 2

2. 1 5 5 3
    + 4 3 5 6

3. 5 3 2 2
    + 6 4 8 3

4. 7 7 2 1
    + 3 7 4 3

5. 5 9 3 3
    + 6 4 8 7

6. 9 1 6 6
    + 1 8 3 7

7. 2 5 9 7
    + 9 6 2 8

8. 5 7 3 2
    + 4 6 6 6

9. 2 3 5 2
    + 9 7 2 8

10. 1 6 1 3
     + 8 6 1 6

11. 4 6 6 4
     + 5 6 2 7

12. 5 2 2 4
     + 1 7 5 6

PRACTICE MAKES GENIUS

Day 44

1. 8 3 8 6
   + 2 4 9 7
   ⎯⎯⎯⎯⎯

2. 3 5 6 8
   + 3 6 3 4
   ⎯⎯⎯⎯⎯

3. 8 8 3 8
   + 1 4 4 7
   ⎯⎯⎯⎯⎯

4. 2 6 4 4
   + 4 9 9 2
   ⎯⎯⎯⎯⎯

5. 6 3 3 8
   + 9 9 9 9
   ⎯⎯⎯⎯⎯

6. 1 2 4 7
   + 5 4 5 5
   ⎯⎯⎯⎯⎯

7. 3 8 1 7
   + 8 7 2 8
   ⎯⎯⎯⎯⎯

8. 2 6 7 9
   + 4 2 3 8
   ⎯⎯⎯⎯⎯

9. 1 7 2 7
   + 5 2 6 8
   ⎯⎯⎯⎯⎯

10. 7 8 6 8
   + 8 1 3 7
   ⎯⎯⎯⎯⎯

11. 1 7 7 1
   + 7 8 5 4
   ⎯⎯⎯⎯⎯

12. 8 1 3 2
   + 2 3 9 2
   ⎯⎯⎯⎯⎯

PRACTICE MAKES GENIUS

Day 45

1. 3 1 6 6
   + 2 4 7 4

2. 8 7 3 4
   + 9 5 6 6

3. 8 7 5 6
   + 3 4 9 5

4. 9 6 8 7
   + 3 7 1 3

5. 7 7 4 3
   + 9 8 3 6

6. 2 6 2 8
   + 7 8 6 3

7. 9 4 2 7
   + 1 2 4 9

8. 9 2 8 4
   + 1 7 7 3

9. 3 6 7 5
   + 5 5 6 6

10. 4 1 8 1
    + 4 2 6 7

11. 1 1 8 8
    + 8 6 4 4

12. 6 1 8 3
    + 8 6 6 5

Day 46

1.   7 5 9 5
    - 1 8 5 8

2.   3 3 6 9
    - 1 7 4 2

3.   8 5 6 2
    - 4 1 1 3

4.   6 9 3 4
    - 5 4 8 3

5.   7 9 5 8
    - 6 9 1 2

6.   7 5 6 7
    - 3 2 8 1

7.   9 5 1 6
    - 5 5 1 6

8.   8 5 5 8
    - 2 8 8 6

9.   7 3 8 4
    - 1 8 3 2

10.   6 8 3 2
    - 1 3 9 5

11.   8 2 2 9
    - 4 3 7 2

12.   9 7 3 8
    - 6 2 7 7

PRACTICE MAKES GENIUS

Day 47

1.   8988
    -5368

2.   5731
    -3544

3.   9588
    -3478

4.   3989
    -3857

5.   8636
    -6692

6.   6278
    -4385

7.   8112
    -2689

8.   3814
    -1245

9.   4539
    -3564

10.   9321
    -4397

11.   7932
    -4784

12.   8779
    -5787

PRACTICE MAKES GENIUS

Day 48

1.   7 9 5 8
    − 2 2 6 9

2.   9 5 8 7
    − 6 4 1 5

3.   6 6 6 9
    − 2 8 7 1

4.   6 7 2 3
    − 2 5 3 8

5.   7 5 2 5
    − 4 7 1 8

6.   2 1 5 2
    − 1 6 1 9

7.   8 8 4 7
    − 3 2 7 4

8.   6 1 4 4
    − 1 4 4 7

9.   2 8 3 2
    − 2 7 2 4

10.   3 7 4 2
    − 1 5 7 5

11.   8 9 3 1
    − 3 9 3 4

12.   9 3 6 3
    − 5 7 6 2

PRACTICE MAKES GENIUS

Day 49

1.   9 3 5 8
     - 1 3 6 3
   _____

2.   6 5 6 4
     - 4 7 2 4
   _____

3.   5 5 3 3
     - 4 9 4 7
   _____

4.   4 4 1 5
     - 1 5 1 1
   _____

5.   4 7 2 2
     - 2 4 9 4
   _____

6.   3 3 5 9
     - 2 9 2 2
   _____

7.   7 8 5 3
     - 2 6 5 3
   _____

8.   6 5 6 2
     - 1 2 6 1
   _____

9.   9 5 5 4
     - 7 6 3 5
   _____

10.   3 9 1 9
      - 3 8 2 9
    _____

11.   5 4 2 6
      - 3 6 6 8
    _____

12.   8 4 9 5
      - 2 8 8 7
    _____

PRACTICE MAKES GENIUS

Day 50

1.   7 8 9 2
   - 5 9 2 2

2.   7 1 7 1
   - 5 3 8 6

3.   2 1 6 8
   - 1 3 8 4

4.   6 7 6 9
   - 3 4 9 7

5.   9 3 7 9
   - 1 1 4 6

6.   6 7 9 7
   - 3 5 5 7

7.   9 6 6 8
   - 4 5 1 8

8.   7 6 9 8
   - 5 9 1 1

9.   6 2 9 1
   - 1 4 4 4

10.   9 2 3 3
   - 6 6 8 7

11.   8 1 7 5
   - 2 3 5 8

12.   7 4 9 4
   - 1 7 6 7

PRACTICE MAKES GENIUS

Word Problems
or
Real Life
Problems

PRACTICE MAKES GENIUS

Day 51

Score:	Time to complete:

1. Alyssa has 27 marbles, and she buys 15 more. How many marbles does she have now?

2. There are 38 students in the classroom. If 19 more students join, what is the total number of students?

3. Lisa had 54 stickers, and she gave 12 to her friend. How many stickers does she have left?

4. A box contains 154 chocolates. If 26 chocolates are eaten, how many chocolates are left?

5.Devin has 63 baseball cards, and he receives 18 more as a gift. How many baseball cards does Devin have now?

PRACTICE MAKES GENIUS

Day 52

1. A farmer has 76 cows. If 19 cows are sold, how many cows does the farmer have remaining?

2. There are 58 jelly beans in a jar. If 23 jelly beans are taken out, how many jelly beans remain in the jar?

3. Lara Ann has 52 toy dolls, and she buys 8 more. How many toy dolls does Lara Ann have now?

4. In a garden, there are 67 roses. If 29 more roses are planted, how many roses are there in total?

5. There are 83 fish in an aquarium. If 38 fish are moved to another tank, how many fish are left?

PRACTICE MAKES GENIUS

Day 53

1. There are 83 apples on a tree. If 36 apples are picked, how many apples are left on the tree?

2. A stamp collector has 65 stamps in a book. If 18 stamps are sold, how many stamps are left in the book?

3. Morgan has 253 dollars, and her friend gives her 125 more. How much money does Morgan have now?

4. A bakery has 79 muffins. If they sell 26 muffins, how many muffins are left in the bakery?

5. There are 88 basketballs in the gym. If 37 basketballs are used for practice, how many basketballs are left?

PRACTICE MAKES GENIUS

Day 54

1. There are 57 crayons in a box. If 18 crayons are broken, how many unbroken crayons are left?

2. A toy store has 89 stuffed animals. If 33 more are delivered, how many stuffed animals are there in total?

3. There are 76 balloons at the party. If 27 balloons pop, how many balloons are left?

4. Andrew has 62 action figures, and he received 14 more as a gift. How many action figures does Andrew have now?

5. There are 75 cookies in a jar. If 36 cookies are eaten, how many cookies remain in the jar?

Day 55

1. You were paid $234 for helping your mom deliver packages. You also have $467 saved. How much money do you have in total?

2. Kennedy received her weekly paycheck of $1,500. After paying her rent, which was $850, how much money does she have left?

3. Mrs. Payne was born on December 11, 1945. On December 11, 2023, how old is Mrs. Payne?

4. A hotel has 253 rooms. The hotel booked 148 rooms for the weekend. How many rooms are available?

5. MacKenzie made 244 mini cupcakes. Her brother ate 38 of them. How many are left?

PRACTICE MAKES GENIUS

PRACTICE MAKES GENIUS

Great job! Keep going!

Day 56

Let's shop for groceries

	Price
Milk	$4
Water	$5
Bananas	$2
Soup	$2
Bread	$4
Chicken Legs	$7
Bacon	$7
Cereal	$5
1. Total Amount for groceries (Hint: Add)	

If you give the cashier a $50 bill, how much change does the cashier owe you?

2. Answer
(Hint: Subtract)

PRACTICE MAKES GENIUS

Day 57

Score:	Time to complete:

Let's pay bills

	Amount
Rent	$1,075
Gas Bill	$90
Electric Bill	$75
Cable Bill	$150
Cell Phone Bill	$105
Car Payment	$526
Car Insurance	$208
1. Total Amount for Bills (Hint: Add)	

PRACTICE MAKES GENIUS

Day 58

How much do you have left?

	Amount
Total Amount from bills on Day 57	
Groceries	$200
Car Maintenance (gas, oil change, etc.)	$250
Medical (insurance. medicine, etc.)	$150
Entertainment	$200
Savings	$100
1. Total Amount for monthly expenses (Hint: Add)	

If you get paid $3250 a month, how much money will you have left after subtracting the "amount for monthly expenses ' above?

2. Answer
(Hint: Subtract)

PRACTICE MAKES GENIUS

Day 59

Gifts

You have $150 for gifts for your family. After buying gifts for your family, you would like to also get your math teacher a gift. How much could you spend on their gift?

	Amount
Mommy	$25
Daddy	$25
Sister	$10
Brother	$15
Grandma	$25
Grandpa	$25
1. My Teacher	
2. Total Amount for Gifts (Hint: Add)	

How much money can you spend on a gift for your teacher?

PRACTICE MAKES GENIUS

Day 60

Let's plan Summer Vacation

Your Dad has asked you to help plan the family summer vacation. You have two choices: Disney World in Orlando, Florida, or Washington, D.C. Answer the questions below.

(Note: Both trips are for 4 people. Both trips are for 5 days and 4 nights.)

	Disney World	Washington, D.C.
Travel (Flights)	$772	$676
Rental Car & Fuel	$312	$444
Hotel	$804	$1,593
Food	$550	$550
Theme Park Tickets (3 sites)	$1,414	
Museum Visits (4 sites)		$640
Trip Total Amount (Hint: Add)	1.	2.

1. How much is the trip to Disney World?

2. How much is the trip to Washington D.C.?

3. What is difference in cost between the two locations? (Hint: Subtract)

4. Which trip do you recommend to your Dad? Why?

PRACTICE MAKES GENIUS

PRACTICE MAKES GENIUS

You are a GENIUS!

PRACTICE MAKES GENIUS

Answers

PRACTICE MAKES GENIUS

Answers

Day 1		Day 2		Day 3		Day 4		Day 5		Day 6	
1.	67	1.	94	1.	72	1.	89	1.	79	1.	51
2.	68	2.	99	2.	86	2.	79	2.	99	2.	41
3.	79	3.	95	3.	68	3.	76	3.	78	3.	54
4.	48	4.	96	4.	64	4.	67	4.	89	4.	10
5.	88	5.	27	5.	99	5.	88	5.	79	5.	50
6.	75	6.	47	6.	41	6.	58	6.	69	6.	12
7.	98	7.	94	7.	99	7.	38	7.	28	7.	36
8.	55	8.	89	8.	95	8.	95	8.	98	8.	20
9.	79	9.	29	9.	58	9.	47	9.	77	9.	62
10.	79	10.	79	10.	66	10.	49	10.	62	10.	17
11.	37	11.	86	11.	73	11.	56	11.	36	11.	1
12.	85	12.	93	12.	89	12.	99	12.	65	12.	72
13.	97	13.	88	13.	86	13.	79	13.	65	13.	21
14.	78	14.	94	14.	79	14.	76	14.	87	14.	62
15.	59	15.	64	15.	98	15.	89	15.	97	15.	31

PRACTICE MAKES GENIUS

Answers

	Day 7		Day 8		Day 9		Day 10		Day 11		Day 12
1.	5	1.	34	1.	21	1.	31	1.	100	1.	112
2.	12	2.	52	2.	17	2.	12	2.	72	2.	119
3.	12	3.	34	3.	41	3.	38	3.	73	3.	60
4.	22	4.	33	4.	50	4.	70	4.	41	4.	142
5.	83	5.	6	5.	45	5.	25	5.	111	5.	112
6.	34	6.	32	6.	31	6.	52	6.	109	6.	105
7.	37	7.	43	7.	78	7.	41	7.	104	7.	153
8.	14	8.	25	8.	36	8.	42	8.	108	8.	115
9.	22	9.	33	9.	4	9.	44	9.	70	9.	145
10.	4	10.	30	10.	32	10.	54	10.	84	10.	118
11.	34	11.	16	11.	20	11.	46	11.	112	11.	45
12.	25	12.	60	12.	71	12.	22	12.	133	12.	80
13.	15	13.	41	13.	32	13.	37	13.	159	13.	133
14.	73	14.	18	14.	36	14.	83	14.	136	14.	70
15.	47	15.	27	15.	53	15.	41	15.	135	15.	137

Answers

Day 13		Day 14		Day 15		Day 16		Day 17		Day 18	
1.	89	1.	81	1.	102	1.	150	1.	125	1.	93
2.	53	2.	92	2.	89	2.	78	2.	119	2.	152
3.	71	3.	99	3.	86	3.	110	3.	127	3.	45
4.	150	4.	80	4.	93	4.	62	4.	96	4.	102
5.	111	5.	60	5.	91	5.	150	5.	111	5.	97
6.	87	6.	91	6.	73	6.	162	6.	96	6.	113
7.	188	7.	94	7.	64	7.	111	7.	91	7.	135
8.	142	8.	91	8.	92	8.	132	8.	105	8.	91
9.	120	9.	70	9.	77	9.	131	9.	173	9.	98
10.	92	10.	75	10.	74	10.	116	10.	95	10.	154
11.	122	11.	88	11.	79	11.	124	11.	67	11.	149
12.	38	12.	40	12.	75	12.	108	12.	95	12.	161
13.	167	13.	98	13.	84	13.	66	13.	177	13.	67
14.	90	14.	93	14.	124	14.	95	14.	118	14.	111
15.	139	15.	81	15.	100	15.	179	15.	50	15.	119

PRACTICE MAKES GENIUS

Answers

	Day 19		Day 20		Day 21		Day 22		Day 23		Day 24
1.	165	1.	119	1.	24	1.	42	1.	5	1.	39
2.	75	2.	26	2.	26	2.	20	2.	18	2.	43
3.	105	3.	113	3.	42	3.	4	3.	80	3.	71
4.	114	4.	111	4.	39	4.	77	4.	10	4.	56
5.	77	5.	135	5.	45	5.	26	5.	36	5.	21
6.	126	6.	40	6.	27	6.	17	6.	46	6.	30
7.	110	7.	65	7.	11	7.	6	7.	29	7.	32
8.	87	8.	103	8.	23	8.	22	8.	48	8.	38
9.	128	9.	89	9.	53	9.	74	9.	15	9.	33
10.	106	10.	69	10.	28	10.	13	10.	66	10.	11
11.	138	11.	36	11.	13	11.	39	11.	4	11.	6
12.	160	12.	80	12.	24	12.	19	12.	79	12.	24
13.	68	13.	158	13.	34	13.	46	13.	42	13.	58
14.	88	14.	169	14.	13	14.	49	14.	27	14.	6
15.	133	15.	91	15.	38	15.	58	15.	65	15.	55

PRACTICE MAKES GENIUS

Answers

Day 25		Day 26		Day 27		Day 28		Day 29		Day 30	
1.	20	1.	64	1.	38	1.	71	1.	62	1.	0
2.	10	2.	36	2.	60	2.	14	2.	25	2.	17
3.	53	3.	5	3.	42	3.	4	3.	15	3.	5
4.	12	4.	21	4.	51	4.	8	4.	41	4.	74
5.	4	5.	41	5.	25	5.	36	5.	32	5.	39
6.	30	6.	36	6.	53	6.	21	6.	25	6.	18
7.	29	7.	74	7.	48	7.	0	7.	33	7.	21
8.	57	8.	11	8.	39	8.	68	8.	55	8.	63
9.	4	9.	49	9.	75	9.	28	9.	44	9.	12
10.	44	10.	8	10.	45	10.	31	10.	51	10.	36
11.	35	11.	54	11.	40	11.	15	11.	18	11.	34
12.	23	12.	49	12.	20	12.	20	12.	30	12.	25
13.	16	13.	32	13.	8	13.	48	13.	6	13.	17
14.	21	14.	49	14.	41	14.	11	14.	17	14.	9
15.	8	15.	45	15.	41	15.	30	15.	26	15.	28

PRACTICE MAKES GENIUS

Answers

Day 31		Day 32		Day 33		Day 34		Day 35		Day 36	
1.	659	1.	1435	1.	636	1.	656	1.	870	1.	308
2.	855	2.	1771	2.	1265	2.	730	2.	1639	2.	94
3.	586	3.	768	3.	598	3.	1822	3.	1411	3.	424
4.	737	4.	771	4.	1827	4.	728	4.	645	4.	136
5.	1678	5.	951	5.	263	5.	255	5.	999	5.	158
6.	838	6.	1215	6.	1155	6.	1013	6.	736	6.	180
7.	1050	7.	907	7.	1445	7.	1238	7.	837	7.	151
8.	1253	8.	424	8.	676	8.	636	8.	1052	8.	234
9.	1786	9.	956	9.	1511	9.	1044	9.	557	9.	76
10.	1322	10.	885	10.	1184	10.	1464	10.	562	10.	424
11.	1127	11.	1237	11.	669	11.	657	11.	1163	11.	487
12.	757	12.	1053	12.	997	12.	1453	12.	796	12.	12

PRACTICE MAKES GENIUS

Answers

Day 37		Day 38		Day 39		Day 40		Day 41		Day 42	
1.	410	1.	257	1.	225	1.	406	1.	12810	1.	13809
2.	62	2.	276	2.	520	2.	846	2.	11065	2.	10903
3.	232	3.	495	3.	189	3.	99	3.	6991	3.	17254
4.	746	4.	508	4.	303	4.	491	4.	8950	4.	19108
5.	402	5.	539	5.	624	5.	240	5.	6067	5.	10522
6.	180	6.	381	6.	274	6.	483	6.	8409	6.	13896
7.	545	7.	304	7.	87	7.	471	7.	12083	7.	13021
8.	172	8.	419	8.	247	8.	449	8.	8303	8.	18729
9.	16	9.	101	9.	15	9.	530	9.	16015	9.	17665
10.	654	10.	96	10.	502	10.	575	10.	6094	10.	10312
11.	119	11.	290	11.	342	11.	0	11.	16218	11.	9847
12.	234	12.	437	12.	268	12.	37	12.	9529	12.	14819

PRACTICE MAKES GENIUS

Answers

Day 43		Day 44		Day 45		Day 46		Day 47		Day 48	
1.	11649	1.	10883	1.	5640	1.	5737	1.	3620	1.	5689
2.	5909	2.	7202	2.	18300	2.	1627	2.	2187	2.	3172
3.	11805	3.	10285	3.	12251	3.	4449	3.	6110	3.	3798
4.	11464	4.	7636	4.	13400	4.	1451	4.	132	4.	4185
5.	12420	5.	16337	5.	17579	5.	1046	5.	1944	5.	2807
6.	11003	6.	6702	6.	10491	6.	4286	6.	1893	6.	533
7.	12225	7.	12545	7.	10676	7.	4000	7.	5423	7.	5573
8.	10398	8.	6917	8.	11057	8.	5672	8.	2569	8.	4697
9.	12080	9.	6995	9.	9241	9.	5552	9.	975	9.	108
10.	10229	10.	16005	10.	8448	10.	5437	10.	4924	10.	2167
11.	10291	11.	9625	11.	9832	11.	3857	11.	3148	11.	4997
12.	6980	12.	10524	12.	14848	12.	3461	12.	2992	12.	3601

PRACTICE MAKES GENIUS

Answers

Day 49	
1.	7995
2.	1840
3.	586
4.	2904
5.	2228
6.	437
7.	5200
8.	5301
9.	1919
10.	90
11.	1758
12.	5608

Day 50	
1.	1970
2.	1785
3.	784
4.	3272
5.	8233
6.	3240
7.	5150
8.	1787
9.	4847
10.	2546
11.	5817
12.	5727

Day 51	
1.	42
2.	57
3.	42
4.	128
5.	81

Day 52	
1.	57
2.	36
3.	60
4.	96
5.	45

Day 53	
1.	47
2.	47
3.	378
4.	53
5.	51

Day 54	
1.	39
2.	122
3.	49
4.	76
5.	39

Day 55	
1.	701
2.	650
3.	78
4.	105
5.	206

Day 56	
1.	$36
2.	$14

Day 57	
1.	$2,229

Day 58	
1.	$3,129
2.	$121

Day 59	
1.	$25
2.	Depends on how much you spend for your teacher. ($125- $150)

Day 60	
1.	$3,852
2.	$3,903
3.	$51
4.	Your choice

PRACTICE MAKES GENIUS

PRACTICE MAKES GENIUS

CERTIFICATE

OF COMPLETION

This Certificate is proudly presented to

_____

Your Name

In recognition of your dedication, Math Tutor Tiff
awards you for completing this
Practice Makes Genius workbook.

Math Tutor Tiff

Math Tutor Tiff

PRACTICE MAKES GENIUS

PRACTICE MAKES GENIUS